LUCIEN LAZARD

L'AGRICULTURE

ET

L'ALIMENTATION

à Montmartre

PARIS

Publication de la Société " Le Vieux Montmartre "

42, Rue d'Orsel, 42

1912

Lucien LAZARD

L'AGRICULTURE
ET
L'ALIMENTATION
à Montmartre

PARIS

Publication de la Société "Le Vieux Montmartre"

42, Rue d'Orsel, 42

1912

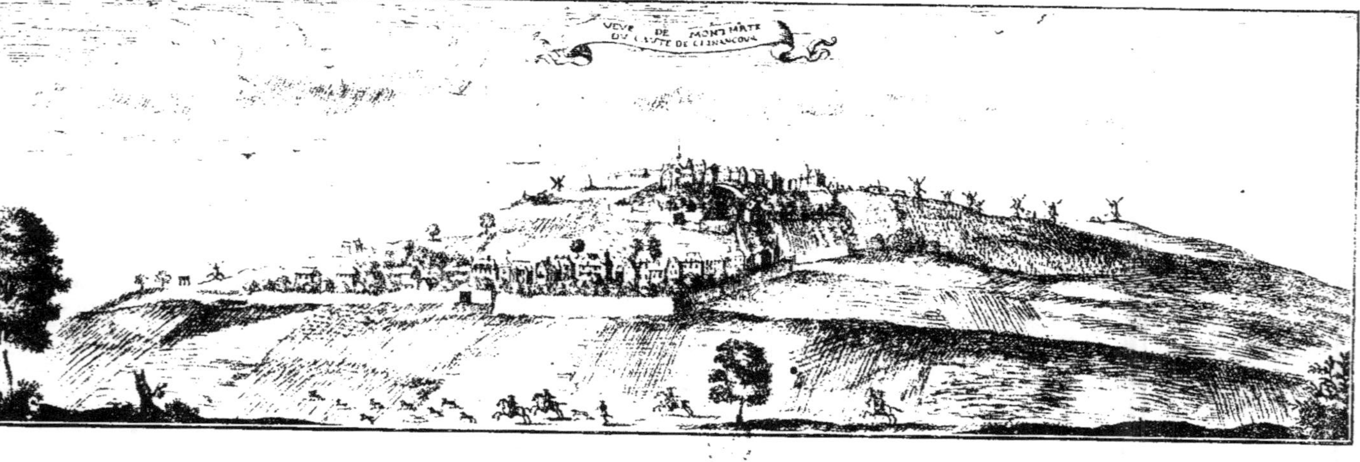

LES CHAMPS ET LES VIGNES DE MONTMARTRE (FIN DU XVII SIÈCLE)

Ancienne collection de Choiseul.

Dessin appartenant à M. Victor Perrot.

L'AGRICULTURE ET L'ALIMENTATION
A MONTMARTRE

Le promeneur parisien qui circule dans les rues du 9ᵉ arrondissement, ou qui parcourt les voies populeuses du 18ᵉᵐᵉ, a peine à se figurer qu'il y a un siècle et demi, ces vastes espaces étaient livrés à la culture : cependant, vers le milieu du règne de Louis XV, le versant de la butte qui regarde Saint-Denis, les abords de la place Saint-Pierre, sur le flanc méridional de la colline, étaient garnis de vignes ; les cultures légumineuses, pois, fèves, et aux approches du xixᵉ siècle, les asperges, occupaient plus particulièrement l'espace compris de nos jours entre le boulevard extérieur et la rue des Abbesses ; enfin les céréales, blés, orges et seigles étaient cultivés de préférence à mi-côte, et les champs où ils poussaient ont été remplacés par les rues de la Tour d'Auvergne, Rodier, Milton, etc.

La culture du blé était protégée, sous l'ancien régime, par de nombreuses dispositions ; une des plus sages allait à l'encontre des principes de Panurge : c'était une déclaration royale du 22 juin 1694 qui interdisait au paysan de manger son blé en herbe et au spéculateur d'acquérir des « grains en verd sur pied ». Dans la banlieue de Paris, les champs de blé avaient d'autres ennemis que les spéculateurs avides, c'étaient les marchands de chevaux qui y laissaient circuler leurs bêtes et les y nourrissaient à peu de frais ; c'étaient surtout les bouquetières qui allaient y cueillir des fleurs appelées barbeaux, qu'elles débitaient ensuite aux Halles. De temps à autre une ordonnance de police ou une sentence du Châtelet essayait de mettre un terme à ces abus ; la fréquence même de ces interdictions indique leur peu d'effet (1).

1. *Freminville*, p. 72 à 79.

A Montmartre, les champs de blé souffraient encore des ravages causés par les filles qui, du côté de la rue de la Tour d'Auvergne principalement, transformaient volontiers les sillons en alcôves : une ordonnance du 20 juin 1747, rendue sur les plaintes des habitants et laboureurs de la région leur interdit ces pratiques : le procureur fiscal procéda à l'arrestation d'une certaine Marie-Louise Collet et d'un garde française surpris avec elle, et pendant plusieurs jours fit des rondes dans ces parages suspects, arrêtant impitoyablement tous les Suisses ou tous les gardes françaises dont l'uniforme gardait quelques brins de paille ou de chaume (1).

La dîme pesait sur les cultures légumineuses, moins lourdement cependant qu'on ne le croirait. Au commencement du du 17ᵉ siècle, les cultivateurs de pois et de fèves devaient à l'abbaye six hottées sur cent vendues par eux : ils ne les payaient d'ailleurs pas très exactement et demandèrent à convertir leur redevance en nature en une taxe en argent (2) ; ils offraient de ce chef dix sous par arpent, et finirent par avoir gain de cause ; mais les paysans de Montmartre ne semblaient pas plus disposés à donner leur argent que leurs denrées : ils laissaient s'écouler jusqu'à cinq ans sans payer la dîme des fèves et des pois et devaient alors quarante sous par arpent, ce qui paraît indiquer qu'au cours du xviiᵉ siècle, le taux de la redevance avait été diminué de 10 à 8 sous par arpent (3).

La situation dut empirer au cours du xviiiᵉ siècle, car les sanctions pénales furent aggravées, et 30 ans avant la Révolution pour le fait d'enlever des grains ou des fruits sujets à dîme sans avoir prévenu au moins vingt-quatre heures à l'avance, le dîmé était puni à Montmartre de cent livres d'amende (4).

A la fin du xviiiᵉ siècle seulement, on peut signaler à Montmartre l'apparition de la culture des asperges : le coteau de la Renardière, la rue Lepic de nos jours, et les abords du cimetière Mont-

1. Z², 2462.

2. 17 juin 1768, Z², 2399.

3. 21 avril 1650, Z², 2404.

4. 11 juin 1760, Z⁸, 2386, folio 15 recto.

martre semblent avoir été les terrains consacrés à cette production : en 1793, le juge de paix est appelé à constater les dommages causés dans deux arpents, situés à cet endroit, appartenant à un certain Jean-Baptiste Picard, par les citoyens qui, depuis trois ans, venaient essayer les canons au-dessus de la Barrière Blanche (1) et 10 ans plus tard, en l'an XI, la municipalité du 4ᵉ arrondissement de Paris, le 1ᵉʳ actuel, se plaint au préfet de la Seine des particuliers qui, en ouvrant les fossés, ce qu'on appelle en terme de métier les ados et les tranchées à asperge, y rendent inaccessibles les abords du cimetière (2).

La viticulture Montmartroise a été fort célèbre, elle a même trouvé son historien (3) auquel je renvoie les curieux : dans son livre ils verront que le vin de Montmartre est cité par les historiens dès le xᵉ siècle. Sauval entre autres a donné quelques dictons qui célébraient ses louanges et son amertume. Presque rien dans les textes anciens du bailliage de Montmartre ne nous donne de renseignements sur les vignes ; pas de procès à leur sujet, peu de dispositions de police, sinon celles que l'on rencontre partout : défense d'entrer dans les vignes, d'y laisser circuler le bétail, de vendanger avant le ban, de couper le raisin avant la vendange (4). Que conclure du silence des documents? Une chose fort simple à mon sens et que voici. Il y avait des vignes à Montmartre, on en trouvera même l'énumération, à la fin de l'ancien régime, dans le travail de M. Sellier, mais il résulte de l'examen même de cette liste que ces vignes étaient peu considérables ; d'autre part, il est incontestable que l'on buvait énormément de vin sur le territoire de Montmartre ; le nombre des cabarets l'indique. Il est donc fort probable que l'on a fait honneur à Montmartre des piquettes de toute provenance que l'on débitait dans les tavernes ; et que le vin de Montmartre a été surtout une production littéraire :

1. Archives de la Seine, Justice de paix du canton de Clichy, 4 juillet 1793.

2. Archives de la Seine, 2ᵉ registre de correspondance de la 4ᵉ municipalité, fᵒ 3, nᵒ 3982.

3. Charles Sellier : *Curiosités du Vieux-Montmartre*, Montmartre-Vignoble, 1893, 10 pages in-12.

4. 29 octobre 1669, Z², 2409.

d'ailleurs à cet égard on peut fonder son opinion sur des documents précis. Le procès-verbal de visite des cabarets, fait en 1729 par le procureur fiscal, ne désigne pas spécialement les endroits où l'on buvait du vin du crû, mais il nous fait savoir d'une façon indubitable qu'après la vendange des vignerons des environs de Paris venaient s'installer à Montmartre et y vendre les produits de leurs vignes. Déjà à cette époque, Montmartre était, surtout dans ses cabarets des Porcherons et de la Nouvelle France, le rendez-vous des bons buveurs, mais rien ne permet de croire que les pauvres produits du sol de la butte eussent sufii à satisfaire ces gosiers altérés ; aussi pouvaient-ils consommer du vin de Franconville, provenant des vignes du curé de l'endroit qui le faisait vendre, rue Coquenart, au Château de Marly ; du vin de Saint-Gratien, dans la même rue, où le débitait Etienne Fournier, aux Raves d'Amiens ; du vin de la vallée de Montmorency, chez Pierre Barthe, au Temps Perdu, également rue Coquenart ; du vin de Montmagny, chez François Blain, au Pigeon Blanc, rue Rochechouart ; du vin de Groslay, à la Croix-Blanche, chez Claude Grenet, rue de Bellefond ; du vin de Deuil, chez Gilles, au Cerf montant, même rue ; du vin de-Saint-Ouen, d'Epinay et de Saint-Brice, chez Jean Binet, chez la veuve Duchesne et chez Denis Lapérlière, rue des Porcherons Saint-Lazare. On en pourrait citer bien d'autres, mais la démonstration paraît suffisante.

II

Le blé de Montmartre était moulu dans ses moulins fameux, dont un bal rappelle seul aujourd'hui le souvenir. Ce n'était pas peu de chose qu'être meunier avant la Révolution ; il fallait se soumettre à d'innombrables prescriptions, rendre le grain moulu dans les 24 heures, ne pas exercer la profession de boulanger, n'avoir chez soi ni huches ni four, ne nourrir ni cochons ni volailles dans la crainte sans doute que le grain du client ne servît à alimenter le bétail du meunier. Toutes ces interdictions n'empêchèrent pas le meunerie Montmartroise de fleurir et au xviiie siècle Montmartre voyait ses coteaux couronnés de plus de 30 moulins : deux seulement subsistent de nos jours. A la fin d'ailleurs de l'ancien régime bon nombre d'entre eux étaient déjà convertis en cabaret, entre autres le moulin du Palais, dont le numéro 10 de la rue de Norvins marque l'emplacement exact.

Bien qu'au témoignage d'un écrivain contemporain, Maxime Ducamp, les moulins de Montmartre ne puissent être comparés aux pittoresques constructions qui égayent les plaines de la Hollande, ils ont cependant séduit les artistes, et Georges Michel à la fin du dernier siècle, et un artiste allemand, Hoguet, mort en 1870 s'en sont faits les illustrateurs : ce dernier, auquel Gautier décerna le titre de Raphaël des moulins, s'est attaché à les représenter avec un rare bonheur d'expression et c'est aujourd'hui au musée de Stettin que l'on peut voir l'image sans doute la plus exacte des derniers moulins de Montmartre (1).

On sait qu'un des privilèges seigneuriaux était la possession d'un moulin banal auquel les vassaux étaient tenus d'apporter leur blé ; à Montmartre, ce droit ne parait pas s'être exercé. Les dames possédèrent bien un moulin, situé dans la région dite du Montmoyen et dont la rue de la Tour des Dames garde le souvenir ; bien qu'on le voie apparaître dès le xive siècle dans les documents, il ne fut jamais consacré qu'aux besoins même de l'abbaye ; le dernier meunier fut un certain Etienne Martin, au milieu du règne de Louis XIV (2) et dès le début du xviie siècle ce n'était plus qu'une maison de campagne que l'abbaye affermait à des particuliers.

A l'exception des ânes qui portaient leur blé au moulin et qui ont fourni matière au xviiie siècle à tant de plaisanteries et donné naissance à toute une littérature, les Montmartrois d'antan n'ont guère eu de bétail : à peine possédaient-ils quelques porcs qu'ils laissaient trop volontiers errer dans les rues Saint-Lazare et des Martyrs (3). L'élevage des pigeons, droit seigneurial, était réservé

1. L'histoire des moulins de Montmartre a été écrite par Charles Sellier : *Curiosités du Vieux-Montmartre*, les Moulins à vents, Paris, Kugelmann, 1893, 48 pages in-12°, et à la liste des 25 moulins de Montmartre donnée par l'auteur, on peut ajouter les suivants : le moulin de Rome, le moulin Lecoq, cité en 1666, le moulin Maigret, cité en 1668, le moulin des Choux, La Viville indiquée en 1678.

2. Archives Nationales, Z² 2394.

3. Archives Nationales, Z² 2388, 1779, folio 6 recto.

aux dames de l'abbaye. Quant à la volaille, chaque ménage était tenu de ne posséder qu'un coq et six poules (1).

Les Montmartrois buvaient le vin de leurs vignes et de celles d'autres dans des cabarets dont l'histoire mérite un chapitre qui leur soit entièrement consacré : le blé de leurs champs et la farine de leurs moulins se débitaient chez des boulangers du pays qui, en 1719, étaient au nombre de deux, établis, l'un au faubourg Saint-Anne, le faubourg Poissoniere, l'autre, à la chaussée des Martyrs : l'on n'en trouve point sur le plateau de la butte et l'on peut conclure de leur absence, qu'au début du règne de Louis XV, les habitants de la partie rustique faisaient leurs pains eux-mêmes ; par contre trois pâtissiers devaient satisfaire leur gourmandise.

La boulangerie était une profession entourée sous l'ancien régime de toutes sortes de restrictions ; les 385 boulangers de la ville et des faubourgs de Paris étaient soumis jusqu'en 1711 à une juridiction spéciale : l'apprentissage durait cinq ans et était suivi d'un stage de quatre années comme garçon boulanger. Une fois l'autorisation d'ouvrir boutique obtenue, le boulanger ne pouvait cesser d'exercer son métier qu'avec le consentement des autorités locales ; agissait-il autrement, il s'exposait à une amende qui atteignait jusqu'à 3.000 livres ; cette rigueur se conçoit quant on songe aux difficultés que présentait l'alimentation publique par un nombre de fournisseurs limités et par des moyens de transport des grains aussi rudimentaires que ceux dont on disposait.

Le boulanger, une fois installé, était tenu de n'acheter son blé ou sa farine que dans des marchés publics ; il lui était interdit d'en acquérir par montre, ou comme nous dirions de nos jours, sur échantillon ; enfin le commerce du blé ou de la farine lui était défendu. Aux prescriptions d'ordre général s'en joignaient de particulières : défense d'éteindre sa braise avec d'autres éteignoirs que ceux de fer ou de cuivre et de construire des soupentes dans son four.

La vente à faux poids, la fourniture de pain léger, pour employer le terme de l'époque, était sévèrement interdite : punie très sévèrement chez le boulanger, elle était moins rigoureusement

1. Archives Nationales, Z² 2409. Assises du 29 octobre 1669.

réprimée chez le cabaretier qui n'était coupable que de n'avoir pas suffisamment vérifié les marchandises qu'il débitait; et d'ordinaire il s'en tirait avec trois livres d'amende. Pour permettre de reconnaître la provenance des pains fournis, chaque boulanger devait marquer ses produits d'un signe spécial.

Deux qualités seules de pain pouvaient être mises en vente : le bis blanc et le bis. Le premier, composé de pure fleur de farine, de moitié de farine blanche d'après la fleur et de moitié de fin gruau, et le second, de moitié de la farine blanche, d'après la fleur, de moitié de fins gruaux, de tous les gros gruaux avec toutes les recoupettes (1).

Le prix de vente « du plus beau et du meilleur » était de 2 sols les 14 onces en 1669 (2); cinquante ans plus tard, on fait la distinction entre les différentes qualités: le pain blanc coûte au maximum 18 deniers la livre, le bis blanc quinze deniers.

La pâtisserie, industrie de luxe, était naturellement moins protégée que la boulangerie: toutefois au moins une fois, au cours des siècles, la prévôté de Montmartre intervint pour défendre les pâtissiers de son ressort. En 1663, ils se plaignirent que leurs collègues de Paris, au mépris des articles 8 et 10 des règlements de leurs métiers, envoyaient leurs apprentis vendre leurs produits dans les tavernes, cabarets de Montmartre et même les étaler dans les places et rues dudit lieu, « d'où arrivent des inconvénients, querelles et batailles, outre que cette contravention auxdits règlements empêche ceux dudit métier qui demeurent dans ledit lieu et sont tenanciers de Madame de gagner leur vie » (3).

Emu de ces plaintes, le prévôt de Montmartre rend une ordonnance qui interdit sous peine de 60 sols d'amende et de confiscation de leurs marchandises, aux pâtissiers de Paris d'envoyer leurs apprentis étaler et vendre à Montmartre « des petits pastez, des petits choux, des rissolles, des eschodés, des tartelettes et autres menues marchandises » (4).

A côté du boulanger, vendeur de cette denrée de première

1. Archives Nationales, Z² 2396, 21 août 1725.

2. Z² 2409. Assises du 29 octobre 1669.

3. Z² 2385.

4. Z² 2408, 4 août 1663.

nécessité qui est le pain, Montmartre possédait les fournisseurs alimentaires de tout genre. Mais presque tous s'étaient installés aux Porcherons et à la nouvelle France (1) : des quatre épiciers du territoire, trois sont rue Saint-Lazare, un rue Bellefond. Les six charcutiers de la localité sont tous rue Saint-Lazare : deux d'entre eux cumulent les professions et sont en même temps cabaretiers, ce qui était interdit aux bouchers ; c'est dans cette même rue Saint-Lazare que l'on trouve les trois rôtisseurs. Quant aux fruitiers, ils sont répartis d'une façon plus équitable : il y en a un à Clignancourt, un à Montmartre, c'est-à-dire sur la butte, un rue Saint-Lazare, un rue de Bellefond et quatre au faubourg Sainte-Anne ou Poissonnière : ces derniers, installés dans une région bien peu habitée, étaient sans doute maraîchers ; rien n'indique qu'il y ait eu un poissonnier, mais les mareyeurs, venant surtout de Boulogne, passaient au pied de la butte par la rue des Poissonniers, et les habitants allaient probablement s'approvisionner auprès d'eux.

La corporation de l'alimentation la plus puissante était naturellement celle des bouchers : on sait le rôle qu'ils ont joué dans l'histoire de France, et sous le nom des cabochiens, la boucherie parisienne a gouverné une partie de la France au xv⁵ siècle. Aux xvii⁵ et xviii⁵ siècles, leur rôle politique était fini, mais leur opulence et leur influence subsistaient encore et c'est grâce à elles que d'étranges abus, comme le maintien des tueries intérieures, purent durer jusqu'au début du xix⁵ siècle. C'était d'ailleurs un monde très fermé : nul à Paris ne pouvait être reçu maître s'il n'était pas fils de maître, ou apprenti de Paris, les premiers à 18 ans, les seconds à vingt-quatre au plutôt. L'autorisation d'établissement accordée par les autorités locales devait être précédée de trois ans d'apprentissage et de trois ans de compagnonnage.

A Montmartre, les bouchers ne pouvaient s'installer qu'en vertu de commissions délivrées par l'abbesse : en 1729 ils sont au nombre de trois : l'un rue St-Lazare, l'autre rue de Bellefond, le troisième sur le plateau. A la fin du siècle, en 1774, leur nombre est réduit à deux installés le premier, rue des Martyrs, près la barrière, c'est-

1. Z² 2462. Visite des boutiques et vérification des poids du 13 octobre 1719.

à-dire à peu près à l'emplacement du chevet de l'église actuelle de Notre-Dame-de-Lorette, le second dont le nom est venu jusqu'à nous, Jean Grintelle, sur le Tertre, dans la maison qui porte aujourd'hui le numéro 3 (1). On se figure aisément quelle pouvait être la facilité des approvisionnements dans cet immense territoire de Montmartre, qui s'étendait de Saint-Ouen à la rue Saint-Lazare, et de la rue de Clichy au faubourg Poissonnière, quand les ménagères se trouvaient réduites à acheter leurs viandes chez ces deux fournisseurs. Aussi avait-on tenté de s'adresser soit à des colporteurs, soit aux bouchers des paroisses voisines ; l'ordonnance du 27 juillet 1781 met bon ordre à ces intolérables prétentions : elle interdit aux deux bouchers de Montmartre « de tuer, colporter, entreprendre, vendre ny débiter aucune viande dans l'étendue des paroisses voisines » ; elle impose naturellement la réciprocité aux bouchers des paroisses voisines, et finit en défendant à tous les habitants de la paroisse de Montmartre « autres néantmoins que les deux bouchers pourvus des lettres de commission de quelque qualité ou condition qu'il pussent être, de faire faire, faciliter ou souffrir dans leurs maisons aucune tuerie, entrepôt de viande ou commerce de boucherie, le tout à peine de confiscation des viandes colportées, entreprises et mises en vente, et de cent livres d'amende contre chacun des contrevenants et même de plus grande peine, s'il y a lieu » (2).

Il est probable que les détenteurs d'un monopole aussi absolu étaient tentés d'en abuser, aussi de nombreuses interdictions les maintenaient-ils dans les limites du devoir ; peu de prescriptions hygiéniques toutefois ; les temps n'étaient pas encore venus ; une seule fois en 1745, le bailliage de Montmartre avait fait publier un arrêt du parlement interdisant la vente de viande des bestiaux morts de maladie ; la chose faite, on ne parut pas y attacher grande importance et il n'en fut plus question (3).

Les défenses d'ordre religieux étaient autrement importantes aux yeux des officiers de la juridiction de Montmartre ; l'interdiction de vendre de la viande en carême était absolue et un cabaretier,

1. Z² 2386, 5 octobre 1769.

2. Z² 2387, 27 juillet 1774, folio 2, verso et s.

3. Z² 2462. 1745.

nommé Léger, ayant laissé en temps prohibé un gigot de mouton attaché à la porte de son cabaret, de manière à être apparent de tout passant dans la rue Rochechouart, vit son gigot confisqué au profit du domaine de l'abbaye royale de Montmartre et eut à payer 18 livres d'amende (1).

Sous l'influence du gouvernement quelque peu théocratique de l'endroit on alla plus loin et l'on interdit aux cabaretiers et traiteurs d'exposer et de vendre des viandes de toutes espèces les vendredis et samedis et autres jours maigres pendant toute l'année ; le prévôt invoquant à l'appui de sa défense le scandale causé aux âmes pieuses et le préjudice apporté au commerce des légumes, œufs, beurre et poisson. Les sanctions de l'ordonnance étaient d'ailleurs des plus sévères : confiscation de la marchandise la première fois, clôture de la boutique la seconde (2).

Enfin, pour protéger le public contre des exigences que ne combattait pas la concurrence, la viande était taxée.

En 1737, on ordonne aux bouchers de débiter « de bonne et loyalle viande de boucherie depuis Pasques jusqu'à la Notre-Dame de décembre à cinq sols la livre, leur faisons expresses défenses de la vendre à plus haut prix sous peine de 30 livres d'amende » (3). A la veille de la Révolution en 1788, les tarifs sont plus explicites : les diverses qualités de viande sont distinguées : les morceaux « sans basse viande appelée Réjouissance » valent neuf sous six deniers ; ceux qui ont un septième de basse viande, huit sous six deniers ; il est défendu de comprendre dans les pesées à titre de basse viande ou de réjouissance aucune partie de la tête de bœuf, ni aucun os décharné « et il est enjoint de donner exactement dans chacune pesée le poids » (4).

Comme de nos jours les bouchers faisaient de longs crédits et comme de nos jours aussi des gens souvent fort à leur aise oubliaient de les payer : c'est ainsi qu'en 1776, Grintelle (5), le

1. Z² 2388, 19 mars 1783.

2. Z² 2397, 10 septembre 1761.

3. Z² 2385, 16 mai 1737.

4. Z² 1788, folio 32 verso.

5. Z² 2387, 16 décembre 1776, folio 47 recto.

boucher de la place du Tertre, obtint condamnation contre un artiste célèbre le hautboïste Chefdeville, acquéreur de la maison du prince de Charolais et créateur du quartier qui s'étend entre la rue Rochechouart et le faubourg Poissonnière, qui s'était fait fournir pour sa maison de la rue de Bellefond 681 l. de viande qu'il ne paya que contraint.

III

Aux confins de Montmartre, vis-à-vis les murs de cet immense enclos de Saint-Lazare qui couvrait de ses jardins et de ses cultures tout l'espace compris entre les faubourgs Saint-Denis et Poisnière, jusqu'au delà des boulevards extérieurs, s'était bâti, sous Louis XIV et Louis XV, un quartier de la juridiction des abbesses, la Nouvelle France. Ses maisons s'étaient groupées autour d'une chapelle dédiée à Sainte-Anne et dont la construction était due à la dévotion d'un pieux confiseur, qui l'avait édifiée en 1651.

A l'extrémité nord du quartier, à l'angle du chemin des Poissonniers et de la voie qui longeait la butte des Cinq Moulins, était le cabaret qui a eu la gloire de donner son nom à une des divisions administratives du Paris moderne, *La Goutte d'Or* (1).

Les guinguettes de la Nouvelle France attirèrent le public parisien, celui surtout de la classe ouvrière, jusqu'aux premières années du xixᵉ siècle : toutefois elles ne semblent pas, comme celles des Porcherons, avoir eu parfois la clientèle de l'aristocratie ; elles restèrent franchement démocratiques.

Une de leurs spécialités, réservée d'ailleurs jusqu'à ces dernières années aux restaurants des barrières, paraît avoir été celle des noces et festins.

C'était au moins le plus clair des revenus d'un des cabaretiers de l'endroit, Marcoul. Son registre de commerce, conservé aujourd'hui aux Archives de la Seine (2), en fait foi.

On y peut puiser des renseignements précis sur le prix des den-

1. Charles Sellier : *Curiosités historiques et pittoresques du Vieux-Montmartre*, Paris, Champion, 1890, p. 89 et 112.

2. Archives de la Seine, Consulat : registre de commerce, nᵒ 210.

rées, exprimé d'une façon, qui semble indiquer chez le rédacteur une éducation assez rudimentaire, à en juger par le texte suivant :

Octobre 1776. — 8 dindons, achetés à *Memorency*.   14 livres.

Puis ce sont ses acquisitions journalières :

Deux cents d'œufs achetés à la Halle, 3 l. 10. . . .   7   —
Deux carpes et une anguille.   7   —
Deux cents d'œufs à 4 l. le cent.   8   —
Huit dindons achetés à la Vallée, à 4 l. la pièce, ci.   32   —

Les dindons, on le voit, étaient plus chers à Paris qu'à Montmorency, peut-être aussi étaient-ils plus gras.

Les haricots valaient deux livres le boisseau et les pigeons douze sous la pièce.

Si les prix d'acquisition n'étaient pas élevés, ceux de vente n'étaient pas des plus rémunérateurs.

En décembre 1776, un chapon rôti et une salade se vendaient 6 livres ; une omelette d'un quarteron d'œufs, soit 26, valait 2 livres ; six pigeons en compote coûtaient aux clients de Marcoul 3 livres, et s'ils les préféraient en ragout ils ne les payaient plus que deux livres huit sous ; un aloyau pesant douze livres leur revenait à 5 livres dix sous, et un bon plat de goujons frits, deux livres. Mais qu'est-ce qu'était un bon plat ? Grave question et pour la solution de laquelle manquent les documents précis.

Tels étaient les prix que payaient les clients occasionnels. Les repas de noce comme de nos jours se traitaient à forfait et Marcou, en fournissait à 3, 4 et 6 livres par tête. Ceux de trois livres ne comprenaient qu'un repas, le diner, qui se faisait sans doute au sortir de la messe de mariage. Ceux de 4 et 6 livres en avaient deux : au diner venait s'ajouter le souper que l'on prenait le soir.

Les noces de cette époque ne comprenaient pas, et pour cause, la tournée classique chez le photographe, non plus que la promenade au Bois de Boulogne, mais sans doute entre le diner et le souper, les clients de Marcoul allaient batifoler sur les pentes de la butte, pour digérer le premier repas et préparer la place pour le second.

On voudra bien remarquer que le café, denrée assez chère à cette époque, n'était pas consommé par tous les convives : les femmes sans doute n'en prenaient guère et les enfants devaient se contenter probablement du *canard*, que tous nous avons connu — il y a, hélas, pas mal d'années; en outre, dans ces menus, la boisson n'est pas portée : il est difficile d'admettre que les clients du traiteur de la Nouvelle-France, aient mangé sans boire et même du vin un peu meilleur que celui de Montmartre. L'apportaient-ils avec eux ? La réglementation sévère des métiers de l'ancien régime rend la chose probable : un traiteur et un marchand de vins étaient à cette époque deux personnages exerçant des professions bien distinctes, et d'ailleurs si Marcoul eût vendu du vin à ses clients, son registre en porterait la mention.

Après ce long préambule, je donne la parole à l'auteur, en commençant par le menu à 3 livres :

« Janvier 1777. — Vendu pour un repas de noce convenu avec les personnes: savoir pour 40 personnes à trois livres par personne, savoir pour le dîner: Quatre entrées et un aloyeau de 20 livres pour le plat du milieu; cinq plats de rots avec trois salades et une salade aux petits oignons avec des anchois et fourni seize pains de quatre livres, avec le dessert, vingt tasses de café, six tourtes: quatre de frangipane, un paté froid et deux plats de friture, ci. . . . . 120 livres. »

C'était là le menu le plus humble.

Venons maintenant aux noces d'ordre plus relevé avec les deux repas: voici tout d'abord celle à 4 livres par convive :

« Mars 1777. — Fourni pour une noce pour 24 personnes à 4 livres par personne, savoir :

Dîner

« Quatre entrées : une longe de veau pour le plat du milieu; trois plats de rôts; deux bonnes salades, trois sortes de frangipane et deux de confiture, du dessert et seize tasses de café.

Souper

« Quatre entrées: un aloyeau, trois plats de rots, deux bonnes salades et deux plats de goujons frits, ci. . . . . . 96 livres ».

Enfin, voici pour terminer, le menu aristocratique, celui à 6 livres par tête :

« Avril 1777.— Fourni pour une noce de 20 personnes à 6 livres par personne, prix fait, dîner et souper, savoir :

Dîner

« Quatre bonnes entrées et un aloyeau de quinze livres ; pour rot, cinq plats de rôts et quatre salades ; trois tourtes de frangipane et du dessert, douze tasses de café, douze pains de quatre livres.

Souper

« Trois entrées, une fricassée de trois poulets, un ragout de veau au roux et trois canards aux petits oignons, trois plats de rôts, deux salades, trois tourtes de frangipane, du dessert, ci.   120 l. »

Avant d'abandonner cette appétissante matière, je me permettrai de faire une dernière remarque dont l'importance n'échappera évidemment à personne : les clients de Marcoul, ceux à 6 comme ceux à 4 livres, prennent du café à la fin du dîner, aucun n'en prend à la fin du souper : l'idée ou le préjugé, relatif au café, celui qui veut qu'il soit l'ennemi du sommeil, était donc solidement ancré dans les cervelles du XVIIIe siècle.

Quant aux prix perçus par le traiteur, ils étaient sans doute bien insuffisants pour le faire vivre, car à la fin de l'année 1777, le pauvre Marcoul dut déposer son bilan.

Lucien LAZARD.

Bergerac.— Imp. Générale du S.-O. (J. CASTANET), place des Deux-Conils.